小丑魚
偶爾從海葵裡面
探頭出來看一看，
最終還是躲在角落
最安心。

刺魨
個性溫和。
身上有很多刺
卻把它們藏起來。
煩惱常常被當成河豚。

水母
不想隨波逐流
只想待在角落裡。
為大海增添了
繽紛的色彩。

一起出去散散步。

難度

 難

14

啦啦啦~

麻雀
普通的麻雀。
喜歡炸豬排
常常來偷啄一口。

裹布
白熊的行李。
常被用來
占角落的位子。

白熊縫縫補補幫忙修布偶。

相異數
14

蜥蜴
媽媽送的心愛布偶，
請白熊幫忙修補。
今後也會好好珍惜它。

棉花
只會被塞進
重要的布偶裡。
特別的棉花。

一起去蜥蜴在森林裡的家玩。

難度

    　　　簡單

蜥蜴（真正的）
蜥蜴的朋友。
住在森林裡的真蜥蜴。
不拘小節，
個性樂天。

蘑菇
住在森林裡的蘑菇。
因為在意自己的
蕈傘太小，特意
戴上一個大蕈傘。

鼴鼠
獨自一人住在
地底角落的鼴鼠。
因為地面上太喧鬧，
探出來一窺究竟。

水果區

森林的蘋果

炸物用檸檬

緊張

好重……

醬包料

試吃區
章魚小熱狗

熱騰騰
小菜區

要不要試吃？

發現

模仿

好像很好吃

幫忙

交到
新朋友

太好了

介紹

跌倒了

前來救援囉

緊抱

守護

空空如也

朋友

發現好東西

偷偷跟在去採買的炸蝦尾後頭。

相異數

13

難度

很難

炸蝦尾
因為太硬而被吃剩下來。
為了好朋友炸豬排
外出去採購。

炸竹筴魚尾巴
因為太硬而被吃剩下來。
性格積極
認為被吃剩很幸運。

SUMIKKOGURASHI™

【SUMIKKO】

|SUMIKKO|

WE LOVE SUMIKKO.

這裡
讓人好安心

SUMIKKO   SUMIKKO   335

Sumikko

今天在家用功讀書，寫功課。

難度

簡單

SUMIKKOGURASHI™

【SUMIKKO】

\SUMIKKO/

WE LOVE SUMIKKO.

這裡
讓人好安心

SUMIKKO　SUMIKKO BBB

Sumikko

炸豬排
被吃剩的炸豬排邊邊。
1% 的肉,
99% 的脂肪。

偽蝸牛
假扮成蝸牛
其實是背著殼的
蛞蝓。

幽靈
不想嚇到人的幽靈。
愛上
咖啡豆老闆的咖啡
所以在咖啡廳打工。

貓 和 兄 弟 姊 妹 重 逢 ， 好 開 心 。

難度

難

貓

個性害羞
在意自己的身型。
遇見兄弟姊妹
好開心。

貓（灰色）

三兄弟姊妹其中一隻。
好奇心旺盛
充滿活力。
和貓一樣是愛吃鬼。

貓（虎斑）

三兄弟姊妹其中一隻。
總是一臉愛睏
一派優閒。
和貓一樣是愛吃鬼。

這裡是企鵝冰淇淋店。

難度

    　難

Sumikkogurashi™

PenPen ice cream

Happy

MENU

1 melon

fresh cream

New

5 chocolate +cheesecake

Good!

RECOMMEND!

cookie

企鵝？

4 mint

炸豬排

nuts

vanilla

2

白熊

蜥蜴

6 mocha

Sweet

貓

DESSERT

YUMMY

3 strawberry +lemon +soda

Delicious

粉圓

你好

企鵝？

吃到哈密瓜冰淇淋，
好感動！説不定將來，
除了哈密瓜冰淇淋，
也能做小黃瓜冰淇淋。

企鵝(真正的)

白熊在北方時
遇見的朋友。
來自遙遠南方，
正在環遊世界。

領了零用錢，一個人去買東西。

相異數

14

難度

 普通

SUMIKKÖGURASHI™

炸蝦尾幫忙去採買♪

雜草
懷抱著有一天
能被做成花束的夢想,
積極的小草。

飛塵
常常聚在角落
輕飄飄的
個性樂天的一群。

1 量身
幫每個人量身。

2 紙樣
依量好的尺寸畫下
紙樣。

Look!

CUTTING...

3 *Stitch*
仔細的
縫合布料。

5 *Ribbon*

4 *Cotton*
塞進滿滿的
棉花。

綁上緞帶
就完成了。

6 *Gift*
心裡暖暖的。

Sumikko gurashi ™
白熊親手做的禮物
送給大家。

大家一起動手縫製了好多布偶。

相異數

難度

普通

13

1 量身
幫每個人量身。

2 紙樣
依量好的尺寸畫下
紙樣。

Look!

CUTTING...

3 Stitch
仔細的
縫合布料。

5 Ribbon
綁上緞帶
就完成了。

4 Cotton
塞進滿滿的
棉花。

6 Gift
心裡暖暖的。

7

Sumikko gurashi™
白熊親手做的禮物
送給大家。

白熊
心靈手巧的白熊
親手縫製布偶。
大家收到都很開心,
心裡暖暖的。

粉圓
奶茶先被喝完
因為不好吸
而被喝剩下來。

黑色粉圓
比一般的粉圓
個性更加孤僻彆扭。

一起去蜥蜴在森林裡的家玩。

住在大海角落的「角落小夥伴」。

偷偷跟在去採買的炸蝦尾後頭。

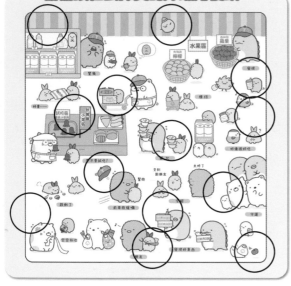

一起出去散散步。

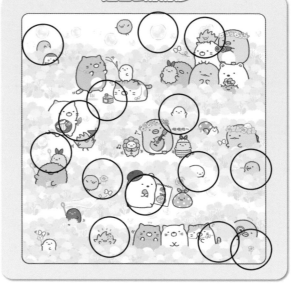

今天在家用功讀書、寫功課。

白熊縫縫補補幫忙修布偶。

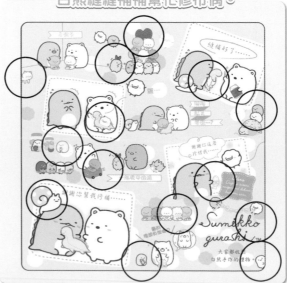

遊戲解答